essentials

Essentials liefern aktuelles Wissen in konzentrierter Form. Die Essenz dessen, worauf es als „State-of-the-Art" in der gegenwärtigen Fachdiskussion oder in der Praxis ankommt, komplett mit Zusammenfassung und aktuellen Literaturhinweisen. Essentials informieren schnell, unkompliziert und verständlich

- als Einführung in ein aktuelles Thema aus Ihrem Fachgebiet
- als Einstieg in ein für Sie noch unbekanntes Themenfeld
- als Einblick, um zum Thema mitreden zu können.

Die Bücher in elektronischer und gedruckter Form bringen das Expertenwissen von Springer-Fachautoren kompakt zur Darstellung. Sie sind besonders für die Nutzung als eBook auf Tablet-PCs, eBook-Readern und Smartphones geeignet.

Essentials: Wissensbausteine aus Wirtschaft und Gesellschaft, Medizin, Psychologie und Gesundheitsberufen, Technik und Naturwissenschaften. Von renommierten Autoren der Verlagsmarken Springer Gabler, Springer VS, Springer Medizin, Springer Spektrum, Springer Vieweg und Springer Psychologie.

Heinz Herwig

Energie

Richtig bewerten und sinnvoll nutzen

Heinz Herwig
Institut für Thermofluiddynamik
TU Hamburg-Harburg
Hamburg
Deutschland

ISSN 2197-6708 ISSN 2197-6716 (electronic)
essentials
ISBN 978-3-658-12919-4 ISBN 978-3-658-12920-0 (eBook)
DOI 10.1007/978-3-658-12920-0

Die Deutsche Nationalbibliothek verzeichnet diese Publikation in der Deutschen Nationalbibliografie; detaillierte bibliografische Daten sind im Internet über http://dnb.d-nb.de abrufbar.

Springer Vieweg

Gedruckt auf säurefreiem und chlorfrei gebleichtem Papier

Springer Fachmedien Wiesbaden ist Teil der Fachverlagsgruppe Springer Science+Business Media
(www.springer.com)

Vorwort

Dieser Essential-Band möchte eine klare Vorstellung davon vermitteln, was Energie aus physikalischer Sicht ist, in welchen Formen sie auftreten kann, und wie man sie technisch nutzen sollte. Aufgrund des begrenzten Umfangs müssen viele Details in diesem Essential-Band zwangsläufig ausgelassen werden. Dies kann aber auch von Vorteil sein, weil damit der Blick auf die wesentlichen Zusammenhänge möglich wird. Um dies zu erreichen, werden grundlegende mechanische, vor allem aber auch thermodynamische Zusammenhänge erläutert, bevor an konkreten Beispielen gezeigt wird, wie mit Energie verantwortlich umgegangen werden kann und wie Energie richtig bewertet und sinnvoll genutzt werden sollte.

Ein herzliches Dankeschön geht an Prof. Dr. Otto von Estorff, Prof. Dr. Alfons Kather, Dr. Andreas Moschallski und Herrn Thomas Zipsner für ihre hilfreichen Kommentare und Anmerkungen.

Hamburg — Heinz Herwig

Was Sie in diesem Essential finden können

- Energie kann und muss nach zwei Aspekten charakterisiert werden: nach der Quantität und nach der Qualität.
- Zur Charakterisierung der Qualität kann Energie in einen „wertvollen" und einen „wertlosen" Teil aufgeteilt werden: Der wertvolle Teil wird Exergie genannt, der wertlose Teil Anergie.
- Energie kann grundsätzlich nicht verbraucht werden. Wenn dies trotzdem behauptet wird, ist damit stets gemeint, dass Energie entwertet wird, weil Exergie verbraucht und dabei im gleichen Maße Anergie erzeugt wird.
- Die Energieentwertung in einem bestimmten Prozess kann mit Hilfe der Entropie bzw. ihrer Erzeugung quantifiziert werden.
- Ob Energie sinnvoll genutzt wird, kann stets daran gemessen werden, wie mit ihrem Exergieteil umgegangen wird. Wenn Exergie verbraucht wird, sollte geklärt werden, ob dies unumgänglich ist oder ob es eine andere Form der Energienutzung mit weniger Exergieverbrauch gibt.

Inhaltsverzeichnis

1 Einleitung: Der Energiebegriff im Alltag

Typische Zeitungsüberschriften im Zusammenhang mit der Berichterstattung zu energierelevanten Themen lauten etwa wie folgt:

- „Energieverbrauch innerhalb eines Jahrzehnts verdoppelt“
- „Energieverbrauch: Die verkannten Energiefresser“
- „Energieverbrauch beim Sport berechnen“

Man könnte auch englischsprachige Zeitschriften zitieren, dann wäre in diesen Zusammenhängen von „energy consumption“ die Rede.

Offensichtlich kann man aber auch anders mit Energie umgehen: Im abendlichen Werbeblock ist davon die Rede, dass ein bestimmter Schokoriegel „verbrauchte Energie zurückbringt“, oder etwas ernsthafter in den anschließenden Nachrichten, dass die „dezentrale Energieerzeugung auf dem Vormarsch“ sei.

Diese und ähnliche Beispiele ignorieren ganz offensichtlich einen Grundsatz der klassischen Physik: Energie ist eine Erhaltungsgröße und kann deshalb weder verbraucht noch erzeugt werden.

Sie kann allerdings in verschiedenen Formen auftreten und – wenn auch zum Teil (leider) nur begrenzt – von einer in eine andere Form umgewandelt werden. Bei genauerem Hinsehen zeigt sich, dass die vermeintliche Erzeugung oder der unterstellte Verbrauch in Wahrheit bestimmte Aspekte dieser Energieumwandlung meinen. In diesem Sinne ist es durchaus richtig von der „Erzeugung“ oder dem „Verbrauch“ bestimmter Energieformen zu sprechen: Die „Erzeugung“ einer bestimmten Energieform geht dann mit dem „Verbrauch“ einer anderen Energieform einher und zwar so, dass das Grundprinzip der Energieerhaltung gewahrt bleibt.

Diese einfachen Überlegungen machen (hoffentlich) deutlich, dass der Energiebegriff viele einzelne Facetten besitzt, die ihn einerseits zu einem „schillernden Begriff“ werden lassen, wenn man nicht genau hinschaut, die ihn andererseits aber

H. Herwig, *Energie,* essentials, DOI 10.1007/978-3-658-12920-0_1

auch in der Vielschichtigkeit zeigen, die ihn als fundamentale Größe der Physik auszeichnet, wenn man sich auf eine genauere Analyse einlässt.

Genau darum geht es in diesem Essential-Band.

Der wohl allgemein geläufige Energiebegriff stammt aus der klassischen Mechanik, die einem bestimmten Körper der Masse m eine potentielle Energie (Energie der Lage), sowie eine kinetische Energie (Energie der Bewegung) zuschreibt. PKW-Nutzer erfahren beide Energieformen sehr konkret, weil man offensichtlich eine andere Energieform (gespeichert in Benzin oder Diesel) einsetzen muss, um eine bestimmte Steigung und damit eine Höhendifferenz zu überwinden und/oder eine bestimmte Geschwindigkeit zu erreichen. Auf den ersten Blick gesehen ist das Prinzip der Energieerhaltung im zuvor beschriebenen Sinne gewahrt: Der Verbrauch der Energieform „chemische Energie, gespeichert in Benzin oder Diesel" korrespondiert mit dem Zuwachs an potentieller und/oder kinetischer Energie. Spätestens wenn man mit konstanter Geschwindigkeit auf einer Straße ohne Höhenunterschiede fährt und trotzdem Kraftstoff verbraucht taucht allerdings die Frage auf, wo die „verbrauchte" Antriebsenergie dann bleibt.

Dieses unter vielen Aspekten sehr oberflächlich formulierte Beispiel lässt erahnen, dass genaue Definitionen und präzise Formulierungen erforderlich sind, um belastbare Aussagen zur Energiebewertung und -nutzung treffen zu können. Auch darum geht es in diesem Essential-Band.

Energie aus thermodynamischer Sicht 2

Um sich einer präzisen Definition der Größe Energie anzunähern, soll zunächst noch einmal der zuvor erwähnte mechanische Energiebegriff aufgegriffen werden, jetzt aber mit Hilfe eines präziser formulierten Beispiels.

2.1 Der mechanische Energiebegriff

In Abb. 2.1 ist eine pendelnde Masse m gezeigt. In einer idealisierten Vorstellung ist die Masse in einem Punkt konzentriert (Punktmasse) und besitzt die erhöhte potentielle Energie mgz gegenüber dem Höhenniveau $z=0$ sowie die kinetische Energie $mv^2/2$, wobei v der Betrag des momentanen Geschwindigkeitsvektors $\vec{v}$ ist. Da sich $\vec{v}$ offensichtlich (zyklisch) ändert, muss eine Kraft auf die Masse m wirken, die ihren Impuls $m\vec{v}$ gemäß des 1. Newtonschen Axioms nur unter der Wirkung von angreifenden Kräften verändern kann. Diese Kraft ist offensichtlich die Gewichtskraft $m\vec{g}$, die immer dann eine von Null verschiedene Komponente in Richtung von $\vec{v}$ besitzt, wenn der Winkel φ nicht Null ist.

Wenn außer der Gewichtskraft keine weiteren Kräfte wirken, bleibt die Pendelbewegung, einmal in Gang gesetzt, für alle Zeiten unverändert bestehen: Die mechanische Energie $m(gz + v^2/2)$ ist eine Konstante, wobei eine ständige zyklische Umwandlung zwischen der potentiellen und der kinetischen Energie stattfindet. Die mechanische Energie bleibt hier erhalten, die Gewichtskraft gehört deshalb in die Kategorie der sog. *konservativen Kräfte*. Dies sind aus mathematischer Sicht Kräfte, die ein Potential besitzen, aus dem ihr Wert durch eine Ortsableitung hervorgeht.

In der Realität geschieht aber erfahrungsgemäß etwas Anderes: Nach endlichen Zeiten kommt die Pendelbewegung zum Erliegen und die mechanische Energie ist „aufgebraucht", da sowohl $z=0$ als auch $v=0$ gilt. Offensichtlich wirken weitere

H. Herwig, *Energie,* essentials, DOI 10.1007/978-3-658-12920-0_2

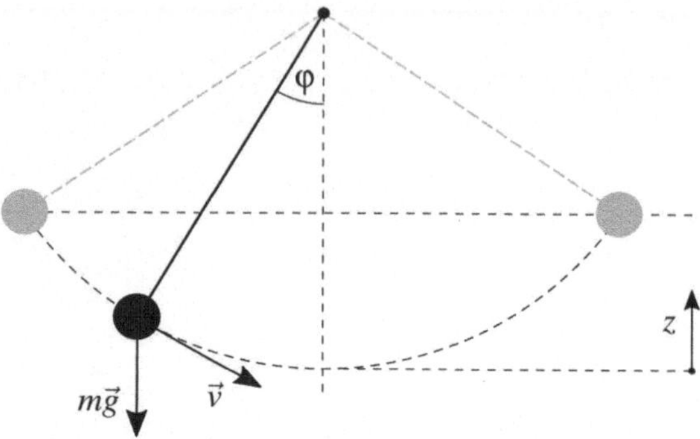

Abb. 2.1 Idealisiertes Pendel unter der alleinigen Wirkung der Gewichtskraft

nicht-konservative Kräfte, wobei jetzt die Frage auftritt, welche Energieform in dem Maße angestiegen ist, in dem mechanische Energie „verbraucht" wurde. Die klassische Mechanik kann diese Frage nicht abschließend beantworten, sondern zunächst nur die Abnahme der mechanischen Energie konstatieren.

2.2 Die thermodynamische Erweiterung des Energiebegriffs

Für das unbegrenzt lange schwingende Pendel war die Gewichtskraft als einzig wirkende Kraft unterstellt worden. In der Realität kommen aber noch „Reibungskräfte" hinzu, die offensichtlich die Gesamtsituation grundlegend verändern. Hierbei handelt es sich einerseits um Gleitreibungskräfte innerhalb der mechanischen Aufhängung des Pendels und andererseits um Reibungskräfte im Zusammenhang mit Luft-Widerstandskräften an der in ruhender Umgebung bewegten Masse.

Diese Reibungskräfte führen zu einem „Verbrauch" mechanischer Energie. Gemäß dem Energieerhaltungsprinzip muss dafür in gleichem Maße eine andere Energieform „erzeugt" werden. Eine in diesem Zusammenhang gelegentlich gegebene Erklärung besagt, dass mit dem Abklingen der Pendelbewegung „Wärme erzeugt" würde. Diese Erklärung weist in die richtige Richtung, ist aber noch in mehrerlei Hinsicht unpräzise bis falsch.

Aus thermodynamischer Sicht gilt Folgendes: Die in Abb. 2.1 noch nicht berücksichtige Energieform ist die sog. *innere Energie* der beteiligten Stoffe, hier also des Pendels (Masse + Aufhängung) sowie der Luft, in der sich das Pendel bewegt. Diese innere Energie ist Energie, die auf molekularer Ebene durch unterschiedliche Effekte, wie die Schwingungs- und Translationsbewegungen von Molekülen oder die Wechselwirkung zwischen den Molekülen, gespeichert wird. Veränderungen

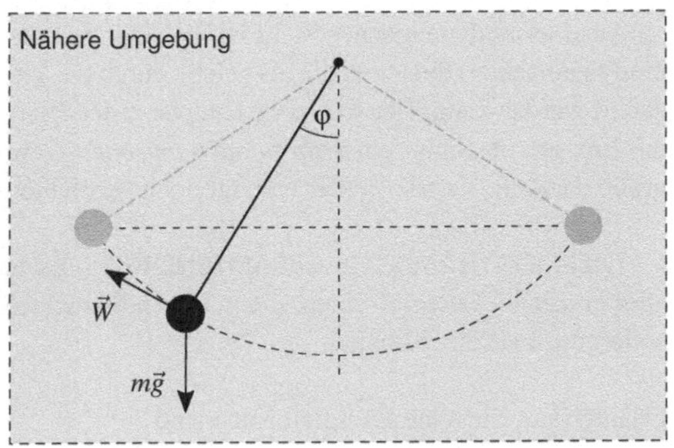

Abb. 2.2 Reales Pendel innerhalb einer idealisierten näheren Umgebung. $\vec{W}$ Widerstandskraft

dieser inneren Energie äußern sich makroskopisch (d. h. in einer über das einzelne Molekülverhalten integrierten Weise) durch Temperaturänderungen und speziell bei Fluiden ggf. auch durch Druckänderungen.

Die verlorene (thermodynamisch: dissipierte) mechanische Energie bei der realen Pendelbewegung findet sich demnach in der Erhöhung der inneren Energie des Pendels einschließlich der näheren Umgebung wieder. Dabei handelt es sich bei der „näheren Umgebung" wieder um eine Modellvorstellung. Tatsächlich äußert sich die Erhöhung der inneren Energie aufgrund der Vernichtung mechanischer Energie durch entsprechende Temperaturerhöhungen im Pendel selbst und in der Luft, die das Pendel umgibt. Diese Luftumgebung ist prinzipiell unendlich groß, den wesentlichen Teil der Erhöhungen der inneren Energie findet man aber nur in der unmittelbaren Umgebung. In diesem Sinne kann man die „nähere Umgebung" als den Bereich definieren, in dem ein bestimmter, hoher Prozentsatz (z. B. 99 %) der Erhöhung der inneren Energie zu finden ist, s. dazu Abb. 2.2, in der zusätzlich zur Schwerkraft auch die (Luft-) Widerstandskraft eingezeichnet ist.

Das hier ausführlich behandelte Beispiel des schwingenden Pendels steht prototypisch für die Energiebetrachtung im Zusammenhang mit technischen Systemen und soll die nachfolgenden Definitionen erläutern.

2.3 Thermodynamische Aussagen zur Energie

Die nachfolgenden Ausführungen beziehen sich auf technische Prozesse, in denen Energieumsätze eine wesentliche Rolle spielen. Dies können Kraftwerksprozesse zur „Energieerzeugung" sein, es werden aber auch Heiz- und Kühlprozesse sowie elektrochemische Vorgänge ins Auge gefasst.

Aus thermodynamischer Sicht ist die Energie eine *Zustandsgröße* eines (thermodynamischen) Systems, die als solche durch die Einwirkung von *Prozessen* verändert werden kann. Der sog. erste Hauptsatz der Thermodynamik konstatiert, dass die Energie im Sinne einer *thermodynamischen Gesamtenergie* eine Erhaltungsgröße darstellt, sie also weder erzeugt noch vernichtet werden kann.

► **THERMODYNAMISCHE GESAMTENERGIE** Es handelt sich um die Summe aller einzelnen Energieformen, die in einem betrachteten technischen Prozess Veränderungen erfahren können.

Erläuterung: Einzelne Energieformen sind

- potentielle Energie
- kinetische Energie
- innere Energie
- chemische Energie
- nukleare Energie
- …

In einem technischen Prozess, in dem weder die chemische noch die nukleare Energie verändert wird und keine weiteren Energieformen berücksichtigt werden müssen, führt man als thermodynamische Gesamtenergie die Summe aus potentieller, kinetischer und innerer Energie ein. Nur diese Teile der Energie müssen im Sinne der Energieerhaltung bei diesen Prozessen betrachtet werden.

Damit kann der Erste Hauptsatz der Thermodynamik wie folgt formuliert werden.

ERSTER HAUPTSATZ DER THERMODYNAMIK
Jedes thermodynamische System besitzt eine thermodynamische Gesamtenergie E, die eine Erhaltungsgröße darstellt und deshalb nur durch einen Energie-Transportprozess über die Systemgrenze um ΔE verändert werden kann. Es gilt

$$\Delta E = W + Q + K \tag{2.1}$$

mit den Energie-Transportprozessen

W: Energieübertragung in Form von Arbeit
Q: Energieübertragung in Form von Wärme
K: Konvektive, massengebundene Energieübertragung

Dieser Hauptsatz bezieht sich prinzipiell auf unendlich viele Systeme und kann deshalb nicht abschließend bewiesen werden. Da er auch nicht aus einer bereits bewiesenen Aussage abgeleitet werden kann, gilt er zunächst solange nur im Sinne eines *Postulates* bzw. einer *Hypothese* bis durch ein Gegenbeispiel die Allgemeingültigkeit der Aussage widerlegt worden ist. Dieses Gegenbeispiel ist aber (erwartungsgemäß) bis heute nicht gefunden worden, so dass sich der Erste Hauptsatz aus wissenschaftstheoretischer Sicht durch eine *ständig wachsende Bewährung* auszeichnet. Erläuterungen zu dieser wissenschaftstheoretischen Argumentation findet man z. B. in Popper (1984).

Aus Gl. (2.1) folgt, dass alle darin auftretenden Größen dieselbe Einheit besitzen müssen, üblicherweise die Energieeinheit Joule (J), wobei gilt: $1\ \text{J} = 1\ \text{N m} = 1\ \text{kg m}^2/\text{s}^2$.

Es muss aber unbedingt beachtet werden, dass in Gl. (2.1) „trotzdem“ zwei fundamental verschiedene Größen vorkommen: E gehört in die Kategorie der *Zustandsgrößen;* W, Q und K sind hingegen *Prozessgrößen.*

Für kontinuierlich ablaufende Prozesse wird Gl. (2.1) durch eine entsprechende Zeitableitung der einzelnen Größen (im Sinne von …/pro Zeiteinheit) zu

$$dE / d\tau = \dot{W} + \dot{Q} + \dot{K} \tag{2.2}$$

Dabei stellt $\dot{W} = dW/d\tau$ als „Arbeit pro Zeit“ eine Leistung dar, die häufig mit dem Symbol P versehen wird, $\dot{Q}$ ist ein Wärmestrom, $\dot{K}$ ein massengebundener Energiestrom, der auch als konvektiver Energiestrom bezeichnet wird. Die Einheit dieser Größen ist üblicherweise die Leistungseinheit Watt (W), wobei gilt: $1\ \text{W} = 1\ \text{J}/\text{s}$.

In den bisherigen Ausführungen ist Energie zunächst nur im Sinne der Energieerhaltung *quantitativ* bilanziert worden, es fehlt bisher aber eine Aussage zu einer möglicherweise unterschiedlichen *Qualität* der einzelnen Energieformen, bzw. zu der Frage, ob sich alle Energieformen uneingeschränkt ineinander umwandeln lassen.

Energiebewertung, der Exergie-Begriff 3

Bei der Frage nach der „Qualität“ verschiedener Energieformen spielt die innere Energie der Stoffe, die ein System bilden, eine besondere Rolle. Wie bereits erläutert, ist sie makroskopisch durch die Temperatur und den Druck charakterisiert, die z. B. in einem Fluid als Teil eines thermodynamischen Systems herrschen. Um nun einen wie auch immer gearteten Prozess in Gang zu setzen, sind Druckunterschiede erforderlich, wenn es zu Fluidströmungen kommen soll und Temperaturunterschiede, wenn man möchte, dass ein Wärmestrom fließt.

Betrachtet man einen Ausschnitt aus der als homogen unterstellten Umgebung als thermodynamisches System, so besitzt dieses zwar innere Energie, es bestehen in dem System aber weder Druck- noch Temperaturunterschiede. Folglich können mit dieser inneren Energie keine Prozesse in Gang gesetzt werden. Das bedeutet: Innere Energie bei Umgebungsdruck und -temperatur ist „nutzlos“. Erst wenn in einem System innere Energie bei Druck- und/oder Temperaturwerten vorliegt, die von den Umgebungswerten abweichen, besteht die Möglichkeit, mit dieser inneren Energie technische Prozesse in Gang zu setzen und dabei z. B. die innere Energie in eine andere Energieform umzuwandeln. Genau dieser Aspekt der *Umwandlungsmöglichkeit in eine andere Energieform* ist der Schlüssel zur Bewertung von Energie.

Energie ist umso hochwertiger, je weniger Beschränkungen bzgl. ihrer Umwandlungsmöglichkeit in andere Energieformen bestehen. Daraus folgt unmittelbar, dass eine unbeschränkte Umwandlungsmöglichkeit eine Energieform zur „perfekten Energieform“ werden lässt, der man einen eigenen Namen gibt: *Exergie*.

▶ **EXERGIE** Exergie ist diejenige Energie oder derjenige Energieteil, die bzw. der uneingeschränkt in jede andere Energieform umgewandelt werden kann.

H. Herwig, *Energie,* essentials, DOI 10.1007/978-3-658-12920-0_3

Erläuterung: Hiermit wird zunächst ein neuer Name für eine „perfekte Energieform“ eingeführt. Die Bewertung aller Energieformen erfolgt dann so, dass jeweils angegeben wird, wie viel der betrachteten Energieform als Exergie angesehen werden kann. Der verbleibende Rest wird *Anergie* genannt. In diesem Sinne gilt uneingeschränkt für alle Energieformen:

$$\text{Energie} = \text{Exergie} + \text{Anergie} \tag{3.1}$$

Mit der Exergie als dem wertvollen Teil der Energie (und der Anergie als dem „wertlosen Rest“) gelingt es, die bisher bereits eingeführten Energieformen, aber auch die Formen des Energietransports über eine Systemgrenze qualitativ zu bewerten.

Abbildung 3.1 zeigt die Sonderstellung der inneren Energie, die vollständig oder teilweise aus Anergie besteht, während alle anderen Energieformen reine Exergie darstellen. Damit wird deutlich, dass innere Energie prinzipiell nur beschränkt in beliebige, andere Energieformen umgewandelt werden kann, während alle anderen Energieformen diesbezüglich keinen prinzipiellen Beschränkungen unterliegen. Der Zusatz „prinzipiell“ ist hier wichtig, weil bei konkreten technischen (Umwandlungs-) Prozessen stets Verluste auftreten, die sich – wie anschließend gezeigt wird – in sog. *Exergieverlusten* widerspiegeln.

Abbildung 3.2 zeigt, welche Energiequalität in den einzelnen Energie-Transportprozessen übertragen wird. Nur eine Energieübertragung in Form von Arbeit überträgt reine Exergie, während die beiden anderen Übertragungsformen jeweils auch einen bestimmten Anergieteil beinhalten. Wie groß dieser ist, muss im Einzelfall bestimmt werden, s. dazu die nachfolgenden Kapitel. Da Arbeit reine Exergie überträgt, wird der Begriff Exergie häufig auch mit *Arbeitsfähigkeit der Energie* „übersetzt“ (engl: exergy = available work).

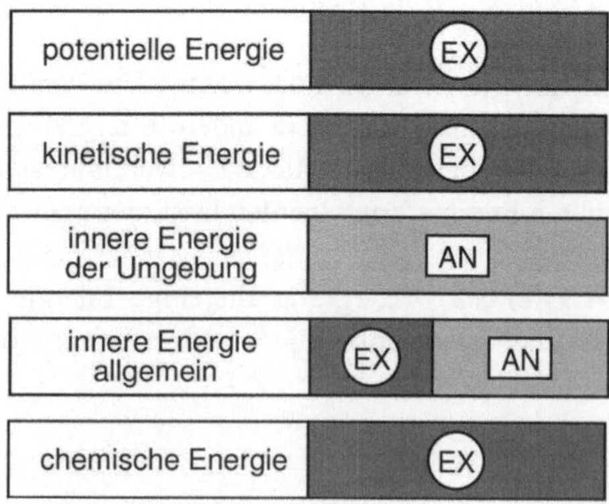

Abb. 3.1 Exergie- und Anergieteile verschiedener Energieformen. *EX* Exergie, *AN* Anergie

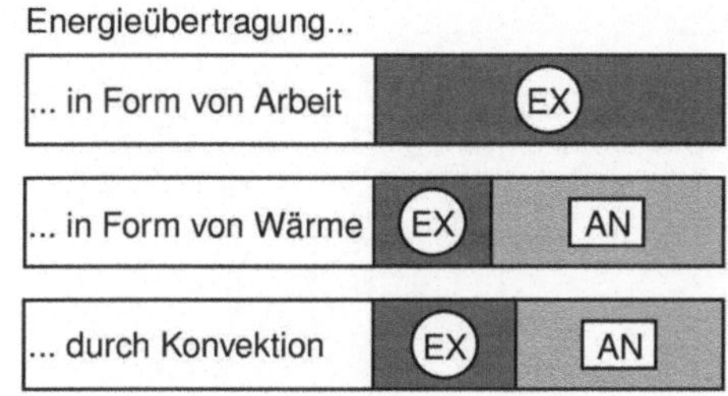

Abb. 3.2 Energieübertragung bei Energie-Transportprozessen. *EX* Exergie, *AN* Anergie

Energieentwertung in technischen Prozessen 4

Energie verliert dann an Wert, wenn ihr Exergieteil sinkt, d. h. wenn Exergie, warum auch immer, vernichtet wird. Eine solche Exergievernichtung tritt aus thermodynamischer Sicht immer dann auf, wenn Prozesse nicht ideal, d. h. reversibel verlaufen, sondern wie stets in der Realität mit irreversiblen Anteilen behaftet sind. Solche Irreversibilitäten treten z. B. in einem Strömungsfeld auf, weil Reibungskräfte wirken, wie dies eingangs am Beispiel des realen, schwingenden Pendels erläutert worden war. Die damit verbundene Umwandlung von mechanischer Energie (reine Exergie) in innere Energie (weitgehend Anergie), wird als *Dissipation mechanischer Energie* bezeichnet, was nichts anderes als ihre (teilweise) Vernichtung meint.

Aber auch bei der Wärmeübertragung treten in realen Situationen Exergieverluste auf, weil sich die in Form von Wärme übertragene Energie bzgl. ihrer Temperatur immer weiter der Umgebungstemperatur annähert und damit an Wert verliert. Innere Energie (die Form, in der die per Wärmeübertragung eingebrachte Energie gespeichert wird) besteht bei Umgebungstemperatur (abgesehen von einem möglichen Druck-Effekt) schließlich nur aus Anergie.

4.1 Quantifizierung der Energieentwertung

In konkreten Situationen interessiert natürlich, wie stark die Energie entwertet wird, d. h. *wieviel* Exergie vernichtet wird. Hier kommt nun eine weitere Größe ins Spiel, die Inhalt des sog. *Zweiten Hauptsatzes der Thermodynamik* ist: die *Entropie*.

Es handelt sich dabei um eine zentrale Größe der Physik und speziell der Thermodynamik, die sich allerdings selbst bei naturwissenschaftlich und technisch

H. Herwig, *Energie,* essentials, DOI 10.1007/978-3-658-12920-0_4

interessierten Menschen nicht allzu großer Beliebtheit erfreut. Der wesentliche Grund dafür besteht in der Natur dieser Größe, die

- durch kein menschliches Sinnesorgan unmittelbar wahrnehmbar ist,
- nicht direkt gemessen werden kann,
- üblicherweise nicht bei der Beschreibung von Alltagsphänomenen vorkommt.

All dies beschreibt zunächst, was die Entropie *nicht* ist. Positiv ausgedrückt handelt es sich um

- eine thermodynamische Zustandsgröße wie Druck, Temperatur und Volumen,
- eine Größe, die den inneren Aufbau und die Struktur eines Systems charakterisiert,
- eine Größe, die durch ihre Veränderung in Prozessen diese Prozesse charakterisiert.

Wenn der Zustand eines Systems durch bestimmte Prozesse verändert wird, so ändern sich in der Regel deren Zustandsgrößen, z. B. der Druck oder die Temperatur, aber ggf. eben auch seine Entropie. Diese Entropieänderungen sind entscheidend für die Beurteilung der Prozesse und die Art der damit verbundenen Zustandsänderungen. Wenn solche Entropieänderungen mit anschaulichen Größen verbunden werden können, entsteht eine ebenso anschauliche Interpretation der Entropie bzw. ihrer Veränderung bei Zustandsänderungen von Systemen. Dies wird anschließend erläutert, wenn Exergieverluste im Zusammenhang mit der Energieentwertung auf die dabei auftretende Entropieproduktion zurückgeführt werden. Zuvor soll die Entropie aber als physikalische Größe durch ihre Definition eingeführt werden.

► **Entropie S:** Die Entropie S ist eine Zustandsgröße eines thermodynamischen Systems, die strukturelle Eigenschaften dieses Systems charakterisiert. Sie besitzt die Einheit J/K. Ihr Wert kann prinzipiell nur auf zwei Wegen verändert werden:

1. durch einen Transport über die Systemgrenze als Folge einer Wärmeübertragung und/oder eines konvektiven Transportes
2. durch Erzeugung innerhalb des Systems

Erläuterung: Es handelt sich um eine Zustandsgröße, für die kein Erhaltungsprinzip gilt, die aber, wenn sie Veränderungen erfährt, nur anwachsen kann! Diese außergewöhnliche Eigenschaft hat im Laufe der Zeit viele sehr unterschiedliche Interpretationsversuche zur Folge gehabt. Sie reichen von der „Entropie als Informationsmaß“ über „Entropie als Maß für die Unordnung innerhalb eines Systems“ bis hin zum Szenarium eines „Wärmetodes der Welt“.

Für den Bereich technischer Anwendungen empfiehlt es sich, die Entropie S zunächst in den Reigen der übrigen Zustandsgrößen (Druck, Temperatur, Energie, …) einzugliedern und in das mathematische Modell zur Beschreibung von Stoffen und den damit ausführbaren Prozessen einzubeziehen. In diesem Sinne wird die Entropie zu einer technisch relevanten Größe, ohne die eine Prozessbeschreibung und insbesondere auch eine Prozessbewertung nicht abschließend möglich sind. Diese Art, eine anschauliche Vorstellung bzgl. der Größe Entropie zu entwickeln, kann und soll hier „Technischer Lernprozess“ genannt werden.

Im Zuge dieses Technischen Lernprozesses wird nach und nach die Aussagekraft deutlich, die mit der Einbeziehung der Entropie bei der Beschreibung technischer Prozesse verbunden ist. Ein erster Schritt in diesem Sinne sind die nachfolgenden Erläuterungen zur Entropiedefinition.

4.2 Die Rolle der Entropie in technischen Prozessen mit Energieumwandlungen

In der Entropiedefinition war auf die beiden Wege abgehoben worden, auf denen sich die Entropie in einem thermodynamischen System verändern kann. Dies soll jetzt genauer erläutert werden.

4.2.1 Entropieänderungen durch einen Transport über die Systemgrenze

Damit ist zunächst gemeint, dass die Entropie in einem System zu- oder abnimmt, wenn sie zusammen mit einem bestimmten Stoffstrom (der Entropie als Zustandsgröße besitzt) in ein System ein- oder ausströmt.

Dies ist aber nicht die einzige Art eines Entropietransports über die Systemgrenze. Es gibt eine weitere Möglichkeit, die aber sehr viel unanschaulicher ist. Eine genaue Analyse von Entropieänderungen durch verschiedene Prozesse ergibt, dass ein Energietransport über eine Systemgrenze in Form von Wärme (es liegt damit ein Wärmestrom vor) stets zu genau und leicht quantifizierbaren Veränderungen der Entropie im System führt. Die feste Kopplung von Entropieänderungen an „zugehörige“ Wärmeströme wird deshalb so interpretiert, dass mit einem

Wärmestrom stets auch ein Entropiestrom (also ein Entropietransport über die Systemgrenze) verbunden ist. Dieser Zusammenhang lautet:

$$\dot{S}_Q = \dot{Q} / T \tag{4.1}$$

wobei $\dot{Q}$ ein Wärmestrom (gemessen in Watt (W)) und $\dot{S}_Q$ ein Entropiestrom (gemessen in W/K) ist. Mit diesem Energietransport ist aber noch ein weiterer Effekt verbunden, der erst anschließend erwähnt wird, weil er eine Entropieproduktion darstellt. Die Umformung von (4.1) zu $T = \dot{Q} / \dot{S}_Q$ zeigt, dass die Temperatur T, bei der die Energieübertragung in Form von Wärme an der Systemgrenze stattfindet, darüber entscheidet, wieviel Entropie mit einem bestimmten Wärmestrom transportiert wird. Dieser Zusammenhang bedeutet, dass ein Wärmestrom $\dot{Q}$ auf einem hohen Temperaturniveau von einem kleineren Entropiestrom begleitet wird, als dies bei demselben Wärmestrom auf einem niedrigen Temperaturniveau der Fall ist. Es wird später erläutert, dass dies die entscheidende Grundlage für alle thermischen Kraftwerke ist.

4.2.2 Entropieänderungen durch Entropieproduktion im System

Während der zuvor beschriebene reine Entropietransport über eine Systemgrenze prinzipiell einen reversiblen Vorgang darstellt, bei dem also keine Verluste (von Exergie) auftreten, ist die Entropieproduktion ein grundsätzlich irreversibler Vorgang. Die physikalischen Ursachen für eine Entropieproduktion können vielfältig sein und müssen jeweils einzeln darauf hin untersucht werden, wie stark die jeweilige Entropieproduktion ausfällt und welche physikalischen Vorgänge sie hervorruft.

Drei häufig in technischen Prozessen auftretende Ursachen für eine Entropieproduktion in einem System sind:

- Die Strömung von viskosen Fluiden,
- die Wärmeleitung in Richtung abnehmender Temperatur (zusätzlicher Effekt zu $\dot{S}_Q$ gemäß Gl. (4.1)),
- die Mischung von unterschiedlichen Komponenten eines Fluides.

Bei Energietransportprozessen, z. B. im Zuge der Umwandlung von einer Energieform in eine andere, ist häufig ein Arbeitsfluid als reiner Stoff (z. B.: Wasser) beteiligt, so dass keine Mischungsprozesse auftreten. Von den zuvor genannten

Ursachen für eine Entropieproduktion verbleiben dann die Strömung viskoser Fluide und die Wärmeleitung.

Beide Ursachen führen aufgrund der auftretenden Exergieverluste zu einer unmittelbaren Energieentwertung.

Die konkrete Information zur Energieentwertung in energietechnischen Prozessen folgt also aus der Kenntnis der dort auftretenden Exergieverluste. Diese wiederum sind unmittelbar mit den Entropieproduktionen im Zuge der energietechnischen Prozesse verbunden. Um also die Energieentwertung zu quantifizieren, muss „nur" die in diesem Zusammenhang auftretende Entropieproduktion ermittelt werden. Dies ist allerdings nicht ganz trivial, wie im folgenden Abschnitt gezeigt wird.

4.3 Bestimmung von Entropieproduktionsraten

Technische Prozesse spielen sich in der Regel in dafür konzipierten Apparaten ab und können häufig zwischen zwei Kontrollraum-Querschnitten (z. B. Ein- und Austrittsquerschnitt bei Strömungsproblemen) bilanziert werden. Bezeichnet man diese Querschnitte mit ① und ②, so können *an* diesen beiden Querschnitten die dort vorliegenden Zustandsgrößen benannt werden, sowie *zwischen* den beiden Querschnitten die vorliegenden Prozessgrößen. Eine Bilanz bezüglich der Entropie lautet in diesem Sinne in Form der Entropieströme (Entropie pro Zeit) für einen stationären Prozess

$$\dot{S}_2 - \dot{S}_1 = \dot{S}_{Q12} + \dot{S}_{irr12} \qquad (4.2)$$

wobei $\dot{S}_1$ und $\dot{S}_2$ die Entropieströme in den Kontrollraumquerschnitten ① und ② sind. Diese sind in der Regel voneinander verschieden, weil zwischen den beiden Querschnitten die Entropieübertragung $\dot{S}_{Q12}$ aufgrund eines vorliegenden Wärmestromes und/oder die Entropieproduktion $\dot{S}_{irr12}$ auftreten.

In Abb. 4.1 ist diese Bilanz anhand einer einfachen Rohrströmung zwischen den beiden Querschnitten ① und ② skizziert. Der graue Pfeil charakterisiert dort den Entropiefluss. Wenn $\dot{S}_{Q12}$ wie dort eingezeichnet gilt, wird das Fluid zwischen den beiden Querschnitten offensichtlich gekühlt, da dem System Entropie entzogen wird. Mit $\dot{S}_{irr12}$ wird gezeigt, wieviel Entropie zwischen den Querschnitten produziert wird.

Für diese Entropieproduktion sind zwei Effekte verantwortlich (Strömung des viskosen Fluides und Wärmeleitung). Die Angaben zu den Entropieströmen sind pauschal, zeigen also nicht genau wie und wo die Ströme $\dot{S}_{Q12}$ und $\dot{S}_{irr12}$ auftreten bzw. entstehen.

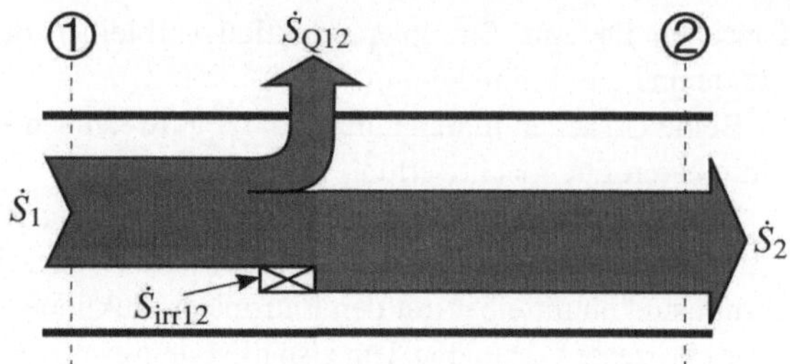

Abb. 4.1 Pauschale Bilanz der Entropieströme zwischen zwei Querschnitten ① und ②

Die entscheidende Größe für die Energieentwertung ist der Entropieproduktionsstrom $\dot{S}_{irr12}$. Dieser kann nun in einer Situation wie hier beschrieben auf zwei grundsätzlich unterschiedlichen Wegen bestimmt werden:

- Direkte Bestimmung von $\dot{S}_{irr12}$:

Zunächst wird die lokale Entropieproduktionsrate $\dot{S}_{irr}'''$ an jeder Stelle des Kontrollraums bestimmt und anschließend $\dot{S}_{irr12}$ durch Integration über das Kontrollraumvolumen als

$$\dot{S}_{irr12} = \frac{1}{V} \iiint \dot{S}_{irr}''' \, dV \tag{4.3}$$

ermittelt.

- Indirekte Bestimmung von $\dot{S}_{12irr}$:

Die globale Bilanz (4.2) bzgl. des Kontrollraums zwischen den Querschnitten ① und ② wird nach $\dot{S}_{irr12}$ umgestellt als

$$\dot{S}_{irr12} = \left(\dot{S}_2 - \dot{S}_1\right) - \dot{S}_{Q12} \tag{4.4}$$

Wenn nun die Größen auf der rechten Seite bekannt sind, kann $\dot{S}_{12irr}$ berechnet werden. Es müssen also die ein- und austretenden Entropieströme gegeben sein, was der Fall ist, wenn Druck und Temperatur bei ① und ② vorliegen und die Entropiezustandsgleichung $S(T,p)$ des beteiligten Fluides bekannt ist. Zusätzlich ist die Information über $\dot{Q}_{12}$ und die Temperatur an der Stelle des Wärmeüberganges erforderlich, um daraus gemäß (4.1) die Größe $\dot{S}_{Q12}$ zu ermitteln.

Bezüglich beider Wege ist zu beachten, dass mit $\dot{S}_{irr12}$ zunächst beide Irreversibilitätsanteile (s. Abbildung 4.1) erfasst werden. Eine Aufspaltung in die beiden einzelnen Anteile ist aber ohne Weiteres möglich.

Tab. 4.1 Weiterführende Literatur zur Bestimmung von Entropieproduktionsraten

Quelle	Inhalt/Content
Herwig und Schmandt (2015)	Strömungen aus thermodynamischer Sicht
Herwig und Schmandt (2014)	A paradigmen shift towards the second law analysis
Herwig und Schmandt (2013)	Drag with external and pressure drop with internal flows
Herwig und Kock (2006)	Direct and indirect methods of calculating entropy generation rates in turbulent convective heat transfer problems

Mit den Gl. (4.3 und 4.4) ist das generelle Vorgehen beschrieben. Für die konkrete Anwendung ist es erforderlich $\dot{S}_{irr12}$ für die unterschiedlichen Situationen (laminare/turbulente, inkompressible/kompressible, stationäre/instationäre Strömungen, ohne oder mit Wärmeübergang bei unterschiedlichen thermischen Randbedingungen und alles in Bezug auf unterschiedliche Geometrien) zu bestimmen. Ebenso erfordert die erwähnte Aufspaltung in die beiden Irreversibilitätsanteile eine weitergehende Analyse. Dies alles sprengt leider den Rahmen dieser Einführung in die Fragestellung. Tabelle 4.1 gibt Hinweise auf weiterführende Literatur, die zum Studium empfohlen wird, wenn es um die konkrete Anwendung der hier beschriebenen Vorgehensweise geht, mit der eine Energieentwertung quantifiziert werden kann.

Im Sinne einer allgemeinen Darstellung wird anschließend gezeigt, wie die ermittelten Entropieproduktionsraten zu den damit einhergehenden Exergieverlusten führen und wie daraus eine *Energieentwertungszahl* bestimmt werden kann.

4.4 Von der Entropieproduktionsrate zur Energieentwertungszahl

Wie bereits erwähnt, besteht ein fester Zusammenhang zwischen der Entropieproduktion und der Energieentwertung aufgrund von Exergieverlusten. Abbildung 4.2 zeigt die „Wirkungskette“: Eine Entropieproduktion $\dot{S}_{irr}$ führt zu Exergieverlusten $\dot{E}_V^E$, die einer Energieentwertung entsprechen. Diese Energieentwertung kann mit einer Energieentwertungszahl N quantifiziert werden, wie anschließend erläutert wird. Dafür muss zunächst der Zusammenhang zwischen $\dot{S}_{irr}$ und dem Exergieverluststrom $\dot{E}_V^E$ eines Energiestromes $\dot{E}$ angegeben werden. Dieser Zusammenhang ist in der Literatur unter dem Namen *Gouy-Stodola Theorem* bekannt und lautet

$$\dot{E}_V^E = T_\infty \dot{S}_{irr} \tag{4.5}$$

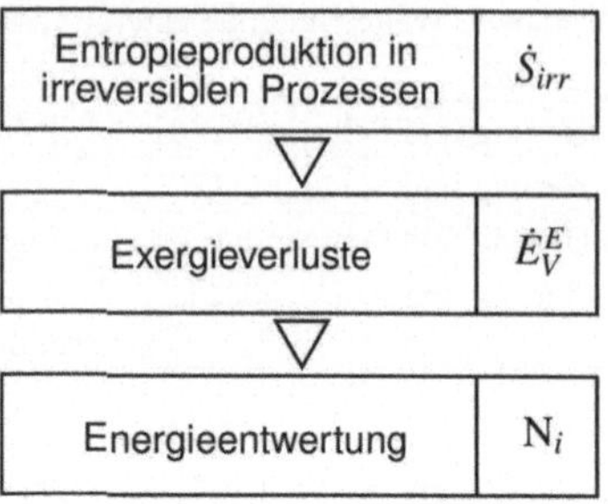

Abb. 4.2 Wirkungskette bei der Energieentwertung

Er enthält die Umgebungstemperatur T_∞ (in der Einheit Kelvin (K)) und folgt aus der Analyse eines allgemeinen Prozessverlaufes, der im Umgebungszustand endet.

Dieser Exergieverlust $\dot{E}_V^E$ ist ein Maß für die Entwertung, die ein Energiestrom $\dot{E}$ während eines bestimmten Prozesses erfährt. Da der Absolutwert von $\dot{E}_V^E$ nicht sehr anschaulich ist, sollte man ihn in Relation zu der „maximal möglichen Entwertung" des Energiestromes setzen. Diese maximal mögliche Entwertung liegt vor, wenn man vom *Ausgangszustand als Primärenergie* ausgeht und den Entwertungsprozess (in Gedanken) bis dahin verfolgt, wo der betrachtete Energiestrom *Teil der inneren Energie der Umgebung* geworden ist. Dies gilt allgemein: Ein Energiestrom beginnt stets in Form von Primärenergie (z. B. gewonnen aus Erdgas, Erdöl, …, somit als reine Exergie) und endet, unter Umständen nach sehr vielen Teilprozessen, als Teil der inneren Energie der Umgebung und somit als reine Anergie. Durch diesen vollständigen Entwertungsprozess wird die Umgebung gemäß Gl. (4.5) um den Entropiestrom $\dot{S}_{irr} = \dot{E}_V^E / T_\infty = \dot{E} / T_\infty$ angereichert. Dieser Entropiestrom wird *entropisches Potenzial* des Energiestromes $\dot{E}$ genannt und stellt die gesuchte Bezugsgröße dar. Für genauere Details zu diesem Konzept s. Wenterodt und Herwig (2014) oder Wenterodt et al. (2015).

► **Entropisches Potential** Das entropische Potential einer Energie E oder eines Energiestromes $\dot{E}$ stellt diejenige Entropie bzw. denjenigen Entropiestrom dar, die bzw. der in die Umgebung überführt wird, wenn infolge einer Prozesskette aus der ursprünglichen Primärenergie innere Energie der Umgebung geworden ist.

Damit gilt für die sog. Energieentwertungszahl N_i in einem Teilprozess i

$$N_i = \frac{\dot{S}_{irr,\,i}}{\dot{E} / T_\infty} \quad \text{mit} \quad 0 \le N_i \le 1 \tag{4.6}$$

Sie gibt an, wieviel des entropischen Potentials von $\dot{E}$ in einem Teilprozess i „verbraucht“ worden ist, d. h. um wieviel % die Energie dabei entwertet worden ist. Im nachfolgenden Kapitel wird an einem konkreten Beispiel gezeigt, dass mit N_i eine klare physikalische Interpretation verbunden ist, was bei alternativen Bewertungs-Kennzahlen häufig leider nicht der Fall ist.

Richtige Energiebewertung, ein Beispiel

5

Neben der Frage, ob ein bestimmter Prozess den gewünschten Verlauf nimmt bzw. den beabsichtigten Effekt erzielt, ist von Interesse, mit welchen Verlusten dies verbunden ist. Da beide Aspekte (Prozesserfolg und damit verbundene Verluste) zunächst voneinander unabhängig sind, müssen prinzipiell auch zwei Kennzahlen herangezogen werden, um einen Prozess vollständig zu charakterisieren.

Bezogen z. B. auf eine Energieübertragung in Form von Wärme gilt es, einen solchen Prozess der Wärmeübertragung einerseits bzgl. des übertragenen Wärmestroms, andererseits aber auch bzgl. der damit verbundenen (Exergie-) Verluste zu charakterisieren.

Es ist nun allerdings absolut üblich, einen Wärmeübertragungs-Prozess durch nur *eine* Größe zu charakterisieren. Dies ist häufig der Wärmeübergangskoeffizient

$$\alpha = \frac{\dot{q}_W}{\Delta T} = \frac{\dot{Q}_W / A}{\Delta T} \tag{5.1}$$

oder in einer etwas systematischeren Herangehensweise die (dimensionslose) Nußelt-Zahl

$$\mathrm{Nu} = \alpha \frac{L}{\lambda} = \frac{\dot{q}_W L}{\lambda \Delta T} \tag{5.2}$$

In Tab. 5.1 sind die einzelnen Größen in α und Nu aufgeführt.

Wenn mit α oder Nu nur eine Größe zur Verfügung steht, kann entweder nur einer der beiden Aspekte (Prozesserfolg und Verluste) oder aber ein irgendwie geartetes Verhältnis aus beiden mit der gegebenen Kennzahl beschrieben werden. Um zu entscheiden, was genau mit α bzw. Nu ausgesagt wird, muss die Physik des Wärmeübergangs näher betrachtet werden. Dabei zeigt sich, dass ein bestimmter

H. Herwig, *Energie,* essentials, DOI 10.1007/978-3-658-12920-0_5

Tab. 5.1 Details zu α und Nu

Größe	Einheit	Bedeutung
α	$W/m^2\,K$	Wärmeübergangskoeffizient
Nu	–	Nußelt-Zahl
$\dot{Q}_w$	W	Wärmestrom
A	m^2	Übertragungsfläche
$\dot{q}_w$	W/m^2	Wärmestromdichte
ΔT	K	treibende Temperaturdifferenz
λ	W / mK	Wärmeleitfähigkeit

Wandwärmestrom $\dot{Q}_w$ oder eine bestimmte Wandwärmestromdichte $\dot{q}_w = \dot{Q}_w / A$ je nach der Qualität des Wärmeübertragungs-Prozesses durch eine kleinere oder größere sog. *treibende Temperaturdifferenz* ΔT erreicht werden kann. Da die übertragene Energie mit abnehmendem Temperaturniveau Exergie verliert (bei Umgebungstemperatur ist der Exergieteil Null), ist die Wärmeübertragung umso weniger verlustbehaftet je kleiner die erforderliche Temperaturdifferenz ΔT ist. Im theoretischen Grenzfall, dass ein endlicher Wärmestrom $\dot{Q}_w$ mit der treibendenden Temperaturdifferenz $\Delta T = 0$ übertragen wird, läge eine sog. *reversible Wärmeübertragung* vor. Damit wird deutlich, dass $\dot{Q}_w$ bzw. $\dot{q}_w$ den Prozesserfolg beschreibt, ΔT hingegen ein Maß für die Verluste darstellt. In der Konsequenz bedeutet dies, dass mit α bzw. Nu ein mehr oder weniger klar interpretierbares Verhältnis aus Prozesserfolg und den damit verbundenen Verlusten gegeben ist. Für weitere Einzelheiten dazu, siehe Herwig (2015).

Alternativ zur Angabe von α bzw. Nu kann die im vorigen Kapitel eingeführte Energieentwertungszahl N_i als eine der zwei erforderlichen Kennzahlen verwendet werden. Zusätzlich zur Charakterisierung der Verluste durch N_i kann der Prozesserfolg dann durch eine weitere Kennzahl, in der $\dot{Q}_w$ bzw. $\dot{q}_w$ alleine (d. h. nicht in Kombination mit ΔT) auftritt, beschrieben werden. Eine solche Kennzahl ist z. B.

$$N_q = \frac{\dot{q}_w L}{\lambda T_b} \tag{5.3}$$

worin als neue Größe die mittlere Temperatur T_b (engl.: bulk temperature) auftritt, bei der die Wärmeübertragung stattfindet.

Abschließend zu diesen Überlegungen wird anhand eines konkreten Zahlenbeispiels gezeigt, dass der Versuch einer physikalischen Interpretation der Nußelt-Zahl zu keiner klaren Vorstellung in Bezug auf einen Wärmeübertragungs-Prozess führt. Verwendet man hingegen z. B. die Kombination der Kennzahlen N_i und N_q wird deutlich, welche konkreten Exergieverluste bei der Übertragung eines bestimmten Wärmestroms auftreten.

5.1 Zahlenbeispiel

Als ein Detail eines Kraftwerksprozesses kann z. B. ein Wärmeübergang in einer voll ausgebildeten Rohrströmung auftreten, bei dem $\dot{q}_w = 10^3\ \mathrm{W/m^2}$ und als charakteristische Länge L = 0,1 m gilt.

Ein solcher Wärmeübertragungs-Prozess soll für zwei verschiedene Kraftwerkstypen analysiert werden, wobei der betrachtete Wärmeübergang auf dem oberen Temperaturniveau auftritt. Die Wärmeübertragung soll auftreten:

- In einem Dampf-Kraftwerksprozess (DKP) mit Wasser als Arbeitsfluid; oberes Temperaturniveau: 900 K.
- In einem Organic-Rankine-Kraftwerksprozess (OKP) mit Ammoniak als Arbeitsfluid; oberes Temperaturniveau: 400 K.

Wenn in beiden Prozessen Nu, $\dot{q}_w$ und L jeweils dieselben Zahlenwerte besitzen, ist ΔT im OKP um den Faktor 2,6 größer als im DKP, weil die Wärmeleitfähigkeiten von Ammoniak und Wasser ebenfalls um diesen Faktor verschieden sind.

Tabelle 5.2 zeigt die Zahlenwerte für die beiden verschiedenen Prozesse. Während der einheitliche Wert Nu = 100 suggeriert, dass die beiden Wärmeübergänge qualitativ gleich seien, zeigt insbesondere die Energieentwertungszahl N_i, dass große Unterschiede vorliegen. Wie N_i im vorliegenden Fall gebildet werden kann, ist in Herwig und Redecker (2015) ausführlich beschrieben. Während im Zuge des betrachteten Wärmeübertragungs-Teilprozesses im Dampfkraftwerk 0,37 % des

Tab. 5.2 Wärmeübertragung in zwei verschiedenen Kraftwerksprozessen Nu = 100, $\dot{q}_w = 10^3\ \mathrm{W/m^2}$, L = 0,1 m

Prozess Fluid	$\frac{\lambda}{\mathrm{W/mK}}$	$\frac{T_\infty}{\mathrm{K}}$	$\frac{T_b}{\mathrm{K}}$	$\frac{\Delta T}{\mathrm{K}}$	$\frac{N_i}{\mathrm{Gl.(4.6)}}$	$\frac{N_q}{\mathrm{Gl.(5.3)}}$	$\frac{\dot{q}_w^E}{\dot{q}_w}$
DKP Wasser	0,1	300	900	10	0,0037	1,11	0,67
OKP Ammoniak	0,038	300	400	26	0,049	6,58	0,25

entropischen Potentials verbraucht wird, liegt der entsprechende Wert für das Organic-Rankine-Kraftwerk bei 4,9 %. Im Wesentlichen entsteht dieser große Unterschied durch die unterschiedlichen Temperaturniveaus beider Kraftwerksprozesse (bei einheitlich angenommener Umgebungstemperatur $T_\infty = 300\,\mathrm{K}$). Diese unterschiedlichen Temperaturniveaus führen auch zu sehr verschiedenen Exergieteilen der in Form von Wärme übertragenen Energie. Gemäß Tab. 5.2 beträgt der Exergieteil $\dot{q}_w^E$ im DKP-Fall 67 %, im OKP-Fall aber nur 25 %.

Diese Verhältnisse folgen auch aus dem sog. *Carnot-Faktor*:

$$\eta_c = 1 - \frac{T_\infty}{T_b} \tag{5.4}$$

mit dem für den Exergieteil eines Wärmestroms gilt:

$$\dot{q}_w^E = \eta_c \dot{q}_w \tag{5.5}$$

und damit auch

$$\dot{Q}_w^E = \eta_c \dot{Q}_w \tag{5.6}$$

Für thermische Kraftwerke, bei denen der Energieeintrag in Form eines Wärmestroms erfolgt, stellt der Carnot-Faktor den maximal möglichen thermischen Wirkungsgrad dar, da nur der Exergieteil eines Wärmestroms in Form von Arbeit genutzt werden kann.

Sinnvolle Energienutzung, zwei Beispiele

6

Im Sinne des Essential-Untertitels zu diesem Band ENERGIE werden abschließend zwei Beispiele für eine sinnvolle Energienutzung ausführlich dargestellt und erläutert. Dabei ist es jetzt möglich, den Aspekt der „sinnvollen" Energienutzung in dem Sinne zu konkretisieren, dass es darum geht, Energie stets in ihren Exergie- und Anergieteilen zu sehen und, wo immer es möglich ist, Exergievernichtung zu vermeiden.

Die beiden Beispiele sind:

- Energiebereitstellung durch GuD-Kraftwerke
- Heizen mit Wärmepumpen.

6.1 Energiebereitstellung durch GuD-Kraftwerke

Ganz generell dienen Kraftwerke nicht der Energieerzeugung (was oftmals behauptet wird, aber vom Leser inzwischen allenfalls als „man ahnt, was gemeint ist" akzeptiert wird), sondern der Bereitstellung von Exergie, meistens in Form von elektrischer Energie (reine Exergie, s. Abb. 3.1). In Kraftwerken laufen Energieumwandlungsprozesse ab, die durch sog. Primärenergie gespeist werden. Diese Primärenergie stammt z. B. in Form von fossilen Brennstoffen (Kohle, Erdöl, Erdgas, …) aus natürlichen Quellen und ist zunächst reine Exergie.

Nach den bisherigen Ausführungen gilt unmittelbar, dass (Primär-) Energie umso besser bzw. sinnvoller genutzt wird, je höher der Exergieteil der ursprünglich eingesetzten Energie nach dem Energiewandlungsprozess noch ist. Oder vielleicht anschaulicher formuliert: Je mehr elektrische Energie (reine Exergie) aus der ursprünglich eingesetzten Energie gewonnen wird. Hier sei im Sinne der Energieerhaltung nachgetragen, dass der nicht genutzte Teil der Primärenergie dann

H. Herwig, *Energie,* essentials, DOI 10.1007/978-3-658-12920-0_6

letztlich (als Anergie) von der Umgebung aufgenommen werden muss (Stichwort: Kühlturm).

Diese Überlegung führt zu der anschaulichen Definition eines energetischen Gesamtwirkungsgrades für ein Kraftwerk als

$$\eta = \frac{Nutzen\,(elektrische\,Leistung)}{Aufwand\,(Primärenergiestrom)} \tag{6.1}$$

6.1.1 Vorbemerkungen

Im Weiteren werden thermische Kraftwerke betrachtet, die heute noch (trotz steigender Anteile von Wind- und Solarenergie-Kraftwerken) den größten Teil unserer Energieversorgung sicherstellen. In diesen thermischen Kraftwerken wird die Primärenergie einem Verbrennungsprozess unterworfen, um anschließend die innere Energie der heißen Verbrennungsgase so gut wie möglich (in einem aufwendigen und komplizierten Prozess) zunächst mit Hilfe einer Turbine in mechanische und anschließend durch einen Generator in die gewünschte elektrische Energie überführen zu können.

Bereits nach dieser kurzen Beschreibung lässt sich wohl erahnen, dass ein solcher Kraftwerksprozess hochgradig verlustbehaftet sein wird (Verluste ≙ Exergieverluste) und deshalb der Wirkungsgrad η deutlich unter dem Wert Eins bzw. 100 % liegen wird. Es gibt aber für thermische Kraftwerke eine noch viel weitergehende Beschränkung von η.

Gleichung (5.6) zeigt, dass ein Wärmestrom $\dot{Q}_w$ einen Exergieteil $\eta_c \dot{Q}_w$ besitzt, also nur zu einem Prozentsatz, der dem Carnot-Faktor entspricht, aus Exergie besteht. Da in einem thermischen Kraftwerksprozess die ursprüngliche Primärenergie nach der Verbrennung (teilweise) in Form eines Wärmestroms weitergeleitet wird, kann der Kraftwerkswirkungsgrad grundsätzlich nicht größer als der zugehörige Carnot-Faktor sein. Dieser ist neben der Umgebungstemperatur T_∞ durch die Temperatur T_b bestimmt, bei der die Wärmeübertragung stattfindet.

Aus diesen Überlegungen folgt unmittelbar, dass ein thermisches Kraftwerk einen umso höheren Wirkungsgrad besitzt,

1. je höher die Temperatur T_b der Wärmeübertragung im Kraftwerk ist,
2. je mehr der ursprünglichen Primärenergie in Form von innerer Energie der heißen Abgase zunächst im Kraftwerk verbleibt (und nicht als noch heiße Abgase bereits in die Umgebung abgegeben wird) und
3. je niedriger die Umgebungstemperatur T_∞ ist.

Der dritte Punkt überrascht vielleicht, beschreibt aber die Realität: Ein thermisches Kraftwerk besitzt im Winter einen höheren Wirkungsgrad als im Sommer! Außer durch die Standortwahl kann die Umgebungstemperatur beim Entwurf eines Kraftwerks nicht optimiert werden. Bzgl. der ersten beiden zuvor genannten Punkte kann ein „intelligenter“ Kraftwerksentwurf aber sehr wohl zu entsprechend hohen Kraftwerkswirkungsgraden führen. Um es pauschal vorwegzunehmen:

- Kraftwerke, bei denen nur Punkt (1) wirklich beachtet wird, erreichen Wirkungsgrade bis etwa 45 %. Dies sind z. B. klassische Dampfkraftwerke.
- Kraftwerke, bei denen zusätzlich auch Punkt (2) ernsthaft ins Kalkül gezogen wird, erreichen Wirkungsgrade bis etwa 60 %. Dies sind die anschließend näher erläuterten GuD-Kraftwerke.

6.1.2 Das GuD-Kraftwerkskonzept

GuD steht als Akronym für ***Gas- und Dampfkraftwerk***. Es werden hierbei zwei Kraftwerkstypen (Gasturbinen- und Dampfkraftwerk) gemeinsam betrieben, weil sie sich auf eine anschließend näher erläuterte Weise sehr sinnvoll ergänzen können.

Um die prinzipielle Wirkungsweise eines GuD-Kraftwerks erläutern zu können, sollen zunächst die beiden Einzelkraftwerke vorgestellt werden.

Dampfkraftwerke

Wie in letztlich jedem Kraftwerk durchläuft auch hier ein bestimmtes Arbeitsfluid einen sog. Kreisprozess, d. h., im kontinuierlichen Betrieb kommt es zu zyklischen Veränderungen von Druck und Temperatur sowie allen damit zusammenhängenden Zustandsgrößen (Dichte, Phasen-Zusammensetzung, ...), wenn das Arbeitsfluid im Kraftwerk „umläuft“. Ein Kreisprozess ist dabei dadurch gekennzeichnet, dass alle Zustandsgrößen nach einem Umlauf des Arbeitsfluides wieder ihre Ausgangswerte erreichen.

Abbildung 6.1a zeigt in einer Prinzip-Skizze, wie aus einem zugeführten Wärmestrom $\dot{Q}_{23}$ mechanische Leistung P gewonnen werden kann, und dass dabei ein Abwärmestrom $\dot{Q}_{41}$ entsteht. Das Arbeitsfluid ist Wasser, das während seines Umlaufes einen zweifachen Phasenwechsel erfährt:

- Nach dem Durchströmen der Speisewasserpumpe wird es im Dampferzeuger verdampft und anschließend überhitzt.
- Nach dem Durchströmen der Turbine wird es im Kondensator wieder verflüssigt und noch leicht unterkühlt.

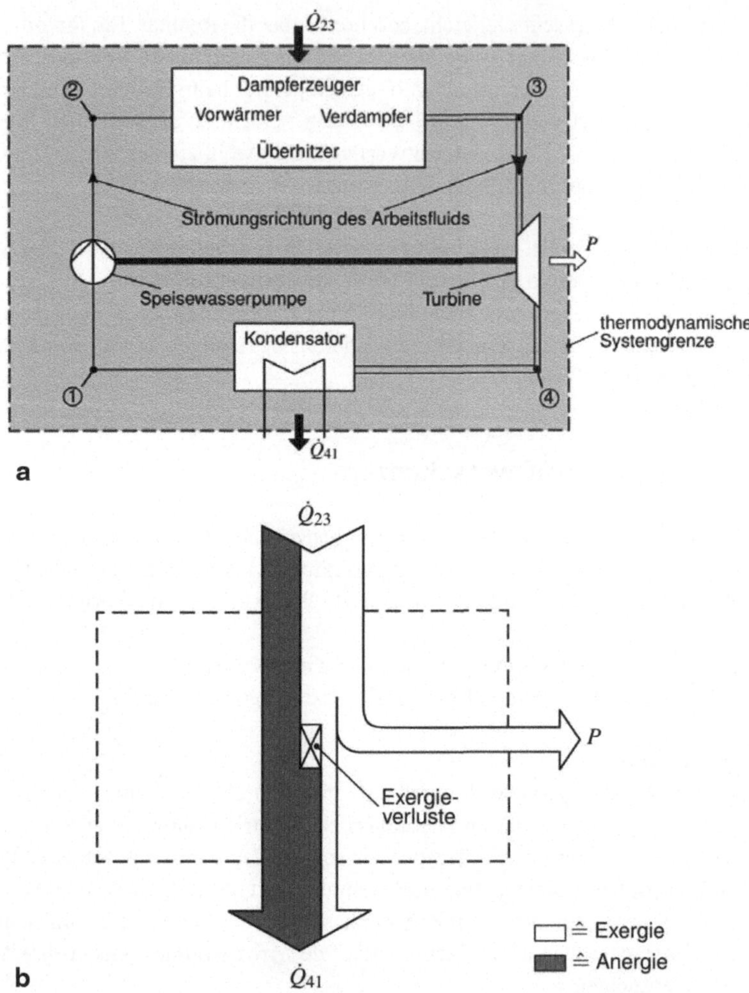

Abb. 6.1 Prinzipielle Elemente eines Dampfkraftwerks (**a**) und die Aufteilung der Energieflüsse in Exergie und Anergie (**b**)

Mit dem Phasenwechsel sind hohe Energieumsätze verbunden, weil Wasser eine sehr hohe Phasenwechsel-Energie (die sog. *Verdampfungsenthalpie*) besitzt. Diese Energie wird vom Fluid bei der Verdampfung aufgenommen und bei der Kondensation wieder abgegeben. Dass bei diesem Gesamtvorgang dann tatsächlich auch noch Energie mit der Turbine aus dem umlaufenden Fluid entnommen werden kann, wird erst wirklich verständlich, wenn alle Details dieses Kreisprozesses betrachtet werden. Dies ist allerdings im Rahmen dieses Essential-Bandes leider nicht möglich. Nähere Angaben findet man z. B. in Herwig und Kautz (2007)

Stattdessen zeigt Abb. 6.1b den prinzipiellen Energiefluss, aufgeteilt nach den Exergie- und Anergieteilen. Die Pfeildicke entspricht hier (aber nicht im Teilbild (a)) dem Betrag des Energieflusses. Hieran wird deutlich, dass die gewonnene Leistung P (reine Exergie) stets kleiner ist als die in Form eines Wärmestroms eingesetzte Energie (pro Zeit) $\dot{Q}_{23}$, da diese z. T. aus Anergie besteht. Bestenfalls könnten alle Exergieverluste vermieden werden. Das dann reversibel arbeitende Kraftwerk hätte somit einen Wirkungsgrad η, s. Gl. (6.1) mit dem Wärmestrom anstelle der Primärenergie, der genau dem Carnot-Faktor η_c, s. Gl. (5.4), entspricht.

Die Tatsache, dass hier der Wärmestrom $\dot{Q}_{23}$, der aus einem Verbrennungsvorgang hervorgeht und einen hohen Anergieteil besitzt, als „Energiequelle“ für den Kreisprozess auftritt (und nicht die ursprünglich vorhandene Primärenergie, gespeichert im Brennstoff), zeigt, dass die vorgeschaltete Verbrennung ein hochgradig „exergievernichtender“ Prozess ist.

Gasturbinen-Kraftwerke

Abbildung 6.2 zeigt die Prinzip-Skizze zur Funktionsweise eines Gasturbinen-Kraftwerks. Das Arbeitsfluid ist jetzt zunächst die Umgebungsluft, die vom Verdichter angesaugt wird, in der Brennkammer mit dem Brennstoff reagiert und als Abgas von der Turbine wieder an die Umgebung abgegeben wird. Die Energiezufuhr erfolgt in Form eines Brennstoffs (z. B. Erdgas) mit einem bestimmten Enthalpiestrom $\dot{H}_{23}$, es handelt sich also zunächst um reine Exergie. Dieser Brennstoff wird in der Brennkammer verbrannt und führt zu extrem heißen Abgasen (typischer Temperaturwert: 1100 … 1300 °C), die durch die Turbine geleitet werden und dort zu der Leistungsabgabe P führen. Entscheidend ist nun, dass diese Abgase auch nach der Turbine noch hohe Temperaturen besitzen (typischer Temperaturwert: 550 … 650 °C) und deshalb der Abwärmestrom $\dot{Q}_{41}$, der mit dem Einleiten dieser Abgase in die Umgebung verbunden ist, noch einen erheblichen Exergieteil besitzt. Dies folgt aus Gl. (5.6) mit dem entsprechend großen Carnot-Faktor (5.4).

Ein Blick auf die Energiefluss-Bilder 6.1b und 6.2b zeigt, dass der Abwärmestrom $\dot{Q}_{41}$ der Gasturbine wegen des hohen Exergieteils als „Eingangswärmestrom“ $\dot{Q}_{23}$ eines Dampfkraftwerkes genutzt werden könnte. Genau dies ist die Grundidee des GuD-Kraftwerkkonzeptes: Beide Kraftwerke werden hintereinander geschaltet. Es entsteht dann ein Schaltbild wie in Abb. 6.3a gezeigt. Abbildung 6.3b zeigt wieder den prinzipiellen Energiefluss, wobei in diesem Bild unterstellt wird, dass mit dem Abgas der Gasturbinenanlage keine erhöhte Energie in die Umgebung gelangt (was bei $T_A = T_\infty$ der Fall ist).

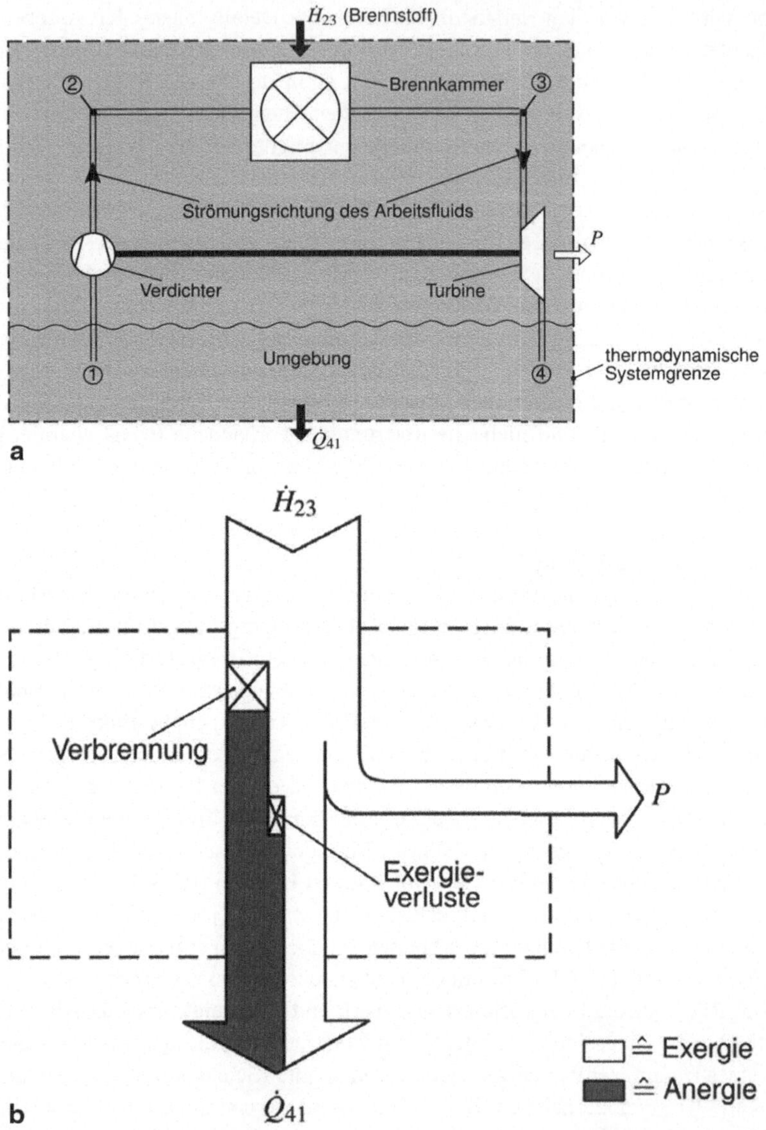

Abb. 6.2 Prinzipielle Elemente eines Gasturbinen-Kraftwerks (**a**) und die Aufteilung der Energieflüsse in Exergie und Anergie (**b**)

An der „Schnittstelle“ zwischen beiden Kraftwerken wird ein Wärmestrom $\dot{Q}$ vom Abhitzekessel (AK) in den Dampferzeuger (DE) übergeben. An dieser Stelle kann noch eine zusätzliche Feuerung vorgesehen werden, um das obere Temperaturniveau der Dampfkraftanlage weiter anzuheben.

Für die in Abb. 6.3 gezeigte Konfiguration ist der Gesamtwirkungsgrad des GuD-Kraftwerkes gemäß Gl. (6.1) jetzt

$$\eta = \frac{P_G + P_D}{\dot{H}} \tag{6.2}$$

In einer realen Ausführung mit allen zusätzlichen Maßnahmen zur Wirkungsgradsteigerung (Zusatzfeuerung, Speisewasser-Vorwärmung, Zwischenüberhitzung, …) können Wirkungsgrade bis zu 60 % erreicht werden.

6.1.3 Wirkungs- und Nutzungsgrade

In den vorherigen Ausführungen zu Dampf- und Gasturbinen-Kraftwerken geht es stets um die Nutzung des Exergieteils der Energie, der nicht exergetisch nutzbare Anergieteil wird in Form eines Abwärmestroms ungenutzt an die Umgebung abgegeben.

Im Sinne einer besseren Energienutzung kann man den Abwärmestrom aber durchaus noch für Heizzwecke einsetzen. Dies wird dann Kraft-Wärme-Kopplung (KWK) genannt und durch einen sog. *Nutzungsgrad* $\hat{\eta}$ bewertet. Dieser erfasst beide genutzten Energieformen als

$$\hat{\eta} = \frac{Nutzen\,(elektrische\,Leistung + Nutzwärmestrom)}{Aufwand\,(Primärenergiestrom)} \tag{6.3}$$

Und darf nicht mit dem *Wirkungsgrad* η gemäß Gl. (6.1) verwechselt werden. Während der Wirkungsgrad grundsätzlich nicht größer als der Carnot-Faktor η_c, s. Gleichung (5.4), werden kann, ist der Nutzungsgrad $\hat{\eta}$ im Sinne des Energieerhaltungsprinzips lediglich durch den theoretischen Wert $\hat{\eta}=1$ begrenzt.

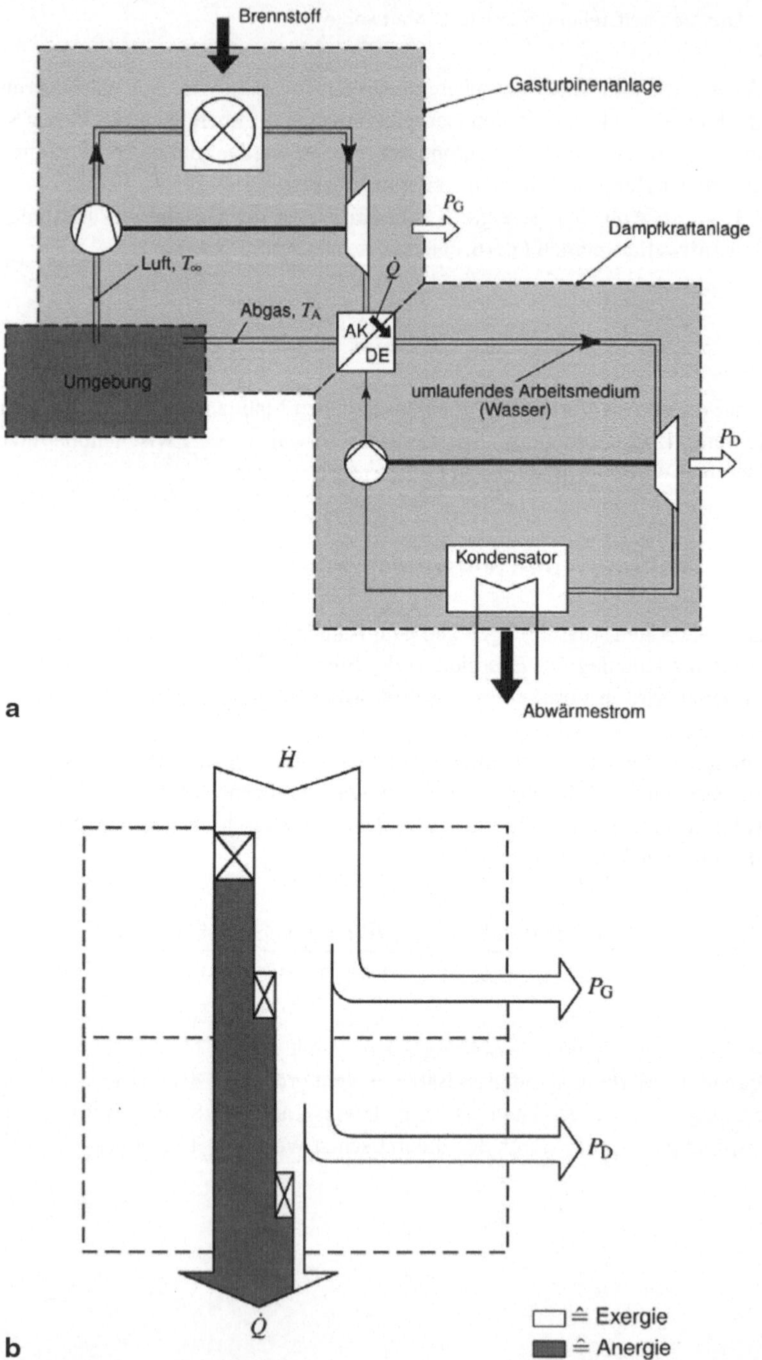

Abb. 6.3 Prinzipielle Elemente eines GuD-Kraftwerks (**a**) und die Aufteilung der Energieflüsse in Exergie und Anergie (**b**)

6.2 Heizen mit Wärmepumpen

Heizen ist erforderlich, um in einem bestimmten Raum eine gewünschte Temperatur zu erreichen und anschließend beizubehalten. Hier soll nur die stationäre Situation betrachtet werden, in der ein bestimmter Wärmestrom $\dot{Q}$ erforderlich ist, um die Raumtemperatur T_R konstant zu halten. Ohne diesen Wärmestrom würde der Raum bis auf die Umgebungstemperatur T_∞ abkühlen, er dient also dazu, einen unerwünschten Wärmestrom an die Umgebung (aufgrund unzureichender Wärmedämmung) zu kompensieren.

Dieser „Kompensations-Energiestrom" der Stärke $\dot{Q}$ muss bei der Temperatur T_R in den Raum gelangen. Er muss dafür an einer bestimmten Heizfläche in den Raum übertragen werden, wobei diese Heizfläche eine Temperatur $T_H > T_R$ besitzen muss, weil eine treibende Temperaturdifferenz $(T_H - T_R)$ erforderlich ist, damit Energie in Form von Wärme (mit der Stärke $\dot{Q}$) in den Raum übertragen wird.

Ein Wärmestrom, der bei T_H übertragen wird, besitzt gemäß Gl. (5.6) den Exergieteil

$$\dot{Q}^E = \left(1 - \frac{T_\infty}{T_H}\right)\dot{Q} \tag{6.4}$$

was z. B. für $T_\infty = 0^\circ\mathrm{C} \approx 273\,\mathrm{K}$ und $T_H = 25^\circ\mathrm{C} \approx 298\,\mathrm{K}$ bedeutet, dass der Exergieteil lediglich etwa 8,5 %, gemessen am gesamten Wärmstrom, beträgt. Über 90 % sind also Anergie und könnten damit prinzipiell aus der Umgebung entnommen werden, die ein unendlich großes Anergie-Reservoir darstellt. Die Frage ist nur: Wie bekommt man (innere) Energie der Umgebung bei einer Temperatur $T_H > T_\infty$ in den zu beheizenden Raum?

Damit innere Energie der Umgebung bei $T_H > T_\infty$ in den Raum fließen kann, muss ihr Temperaturniveau um $(T_H - T_\infty)$ „angehoben" werden. Dies geschieht mit einer *Wärmepumpe*, die thermodynamisch korrekt eigentlich „Apparat zur Temperaturanhebung von innerer Energie der Umgebung" heißen müsste.

Der technische Prozess, der in einer Wärmepumpe realisiert wird, kann nach den vorherigen Ausführungen auch als „Exergieanreicherungsprozess"" bezeichnet werden. Er läuft in einer häufig gewählten Ausführung als sog. *Kompressions-Wärmepumpenprozess* in folgenden vier Teilprozessen ab, die ein Arbeitsfluid (Kältemittel) in einem geschlossenen Kreislauf durchläuft, s. dazu Abb. 6.4a.

I. Über z. B. im Erdreich verlegte Rohre gelangt Energie in Form von Wärme an ein Arbeitsfluid, das durch diese Rohre strömt. Wenn das Erdreich eine bestimmte niedrige Temperatur T_∞ im Sinne einer Umgebungstemperatur

Abb. 6.4 Kompressions-Wärmepumpenprozess **a** Prinzipielle Elemente, **b** Dampfdruckkurve des Arbeitsmittels mit Kennzeichnung der vier Teilprozesse, **c** Aufteilung der Energieflüsse in Exergie- und Anergieflüsse

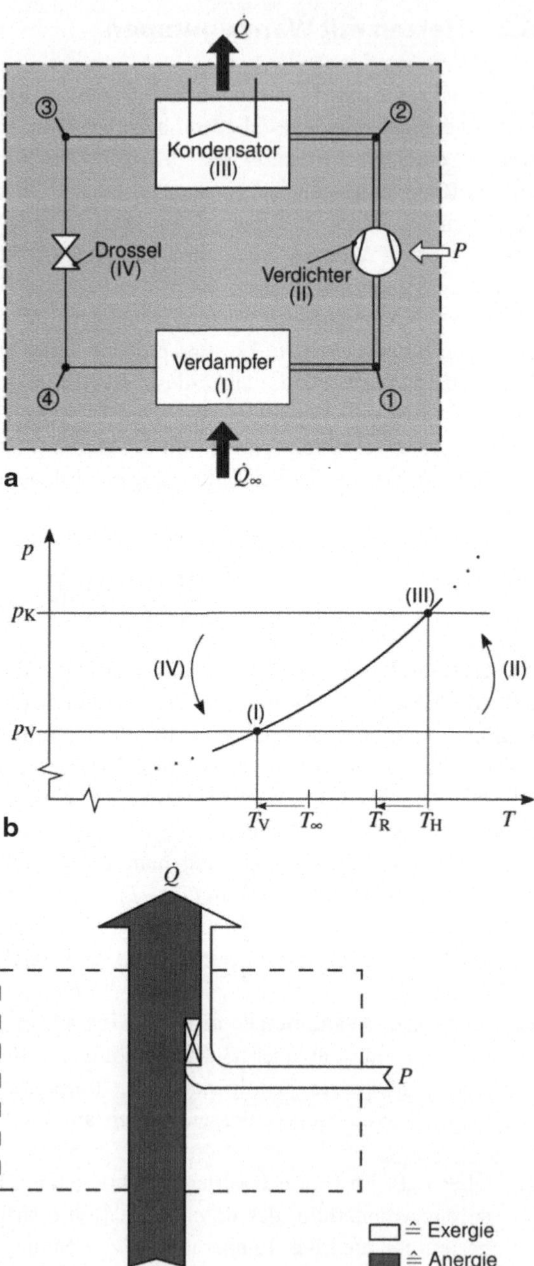

besitzt, muss das Arbeitsfluid noch kälter sein, damit es einen Wärmestrom vom Erdreich in das Arbeitsmittel gibt. Das Arbeitsfluid würde sich aber bereits kurz nach dem Eintritt in die im Erdreich verlegten Rohre so stark erwärmen, dass keine ausreichende treibende Temperaturdifferenz für einen weiteren Wärmeübergang vorhanden wäre. Der „Trick" besteht nun darin, die Energie nicht über eine Temperaturerhöhung (*sensibel*), sondern über einen Phasenwechsel flüssig → gasförmig (*latent*) zu speichern. Bei diesem Verdampfungsvorgang bleibt die Temperatur T_V konstant. Das Rohrsystem fungiert damit als Verdampfer. In Abb. 6.4b ist dieser Zweiphasen-Gleichgewichtszustand als ein Punkt auf der *Dampfdruckkurve* im (p,T) -Diagramm bei der Temperatur T_V eingetragen. Im darüber eingezeichneten Anlagenschema entspricht dies dem Bauteil „Verdampfer". Hier gelangt die Energie aus der Umgebung in das Arbeitsfluid, die aufgenommene Energie hat aber noch keinen (nennenswerten) Exergieteil, weil die Temperatur noch sehr nahe bei der Umgebungstemperatur liegt.

II. Das jetzt gasförmige Arbeitsfluid wird im zweiten Teilprozess verdichtet, wobei der Druck und die Temperatur ansteigen. Die Temperaturerhöhung ist genau das, was man für die Heizung des Raums benötigt. Für die Verdichtung ist eine Antriebsleistung P im Verdichter erforderlich, die als mechanische Leistung vollständig aus Exergie besteht und als solche weitgehend in das Arbeitsfluid übergeht. Dabei muss sich die Temperatur des Arbeitsmittels mindestens auf T_H erhöhen. Dies kann als Exergieanreicherung der zuvor aus der Umgebung an den Verdampfer übertragenen Energie interpretiert werden. Diese Energie muss im nächsten Schritt nur noch aus dem (warmen) Arbeitsfluid in den Raum übertragen werden.

III. In einem Kondensator kann dazu jetzt der Phasenwechsel gasförmig → flüssig bei der konstanten Temperatur $T_H > T_R$ eingesetzt werden, so dass eine treibende Temperaturdifferenz für eine Wärmeübertragung in den Raum mit der Temperatur T_R vorhanden ist, s. Abb. 6.4a. Die Energie wird jetzt auf dem erhöhten Temperaturniveau $T_H > T_\infty$ übertragen; sie besitzt damit wie die im warmen Raum gespeicherte Energie einen Exergieteil (der in Schritt (II) zugeführt worden war).

IV. Da das Arbeitsfluid in einem geschlossenen Kreislauf umläuft, muss es wieder auf das niedrige Druckniveau des Verdampfers gebracht werden, was in einer einfachen Drossel geschieht, die vom flüssigen Arbeitsmittel durchlaufen wird.

Der entscheidende Vorgang bei der Wärmepumpe ist also die Exergieanreicherung der Energie, die aus der Umgebung entnommen wird und damit anschließend zu Heizzwecken auf einem Temperaturniveau $T_H > T_\infty$ genutzt werden kann.

Hinweis: Ein ganz analoger Gesamtprozess ist in einer Kältemaschine (z. B. dem häuslichen Kühlschrank) realisiert, es liegen lediglich andere Temperaturniveaus vor.

Um nun abschätzen zu können, wie „sinnvoll" die Energie mit einer Wärmepumpe tatsächlich genutzt werden kann, soll folgender Vergleich mit anderen Arten von Raumheizungen angestellt werden, wobei jeweils eine einfache Energiebilanz zugrunde gelegt wird.

Eine Energiebilanz muss (ohne Berücksichtigung von Verlusten an die Umgebung) bzgl. der Wärmepumpe drei Energieströme beinhalten. Dies ergibt

$$|\dot{Q}| = \dot{Q}_\infty + P \tag{6.5}$$

Der Heizwärmestrom $\dot{Q}$ ist also die Summe aus dem Wärmestrom $\dot{Q}_\infty$ aus der Umgebung und der zusätzlich erforderlichen Verdichterleistung. Als sog. *Leistungszahl der Wärmepumpe* wird

$$\in_{WP} = \frac{|\dot{Q}|}{P} \tag{6.6}$$

eingeführt. Sie besagt, ein Wieviel-faches der erforderlichen (und zu bezahlenden) Antriebsleistung für Heizzwecke zur Verfügung steht. Realistische Werte sind $2 < \in_{WP} < 4$, d. h. mit $\in_{WP} = 3$ kann das Dreifache der eingesetzten Antriebsleistung für Heizzwecke genutzt werden. Das klingt zunächst sehr attraktiv, es muss aber bedacht werden, dass P als mechanische Leistung zu 100 % aus Exergie besteht und damit die höchstwertigste und teuerste Energieform darstellt.

Für eine ideal arbeitende Wärmepumpe (ohne Verluste und mit vollständiger Ausnutzung der verschiedenen Temperaturniveaus durch einen sog. Carnot-Prozess) gilt für die Wärmepumpen-Leistungszahl

$$\in_{WP} = \frac{|\dot{Q}|}{P} = \frac{T_R}{T_R - T_\infty} \tag{6.7}$$

Daran ist erkennbar, dass die Leistungszahl $\in_{WP}$ im Sommer (kleiner Wert von $(T_R - T_\infty)$) besonders groß ist. Generell wird der Tatsache, dass Leistungszahlen „saisonabhängig" sind, dadurch Rechnung getragen, dass zur Bewertung sog. *Jahresarbeitszahlen* herangezogen werden, die diesen Effekt ausgleichen.

Für einen realistischen Vergleich mit anderen Formen der Raumheizung müssen die jeweils erforderlichen Primärenergien betrachtet werden. Unterstellt man für die Stromerzeugung in einem Kraftwerk einen mittleren Wirkungsgrad von

$\eta=40\%$, so ergibt der Vergleich von drei Heizvarianten für die Bereitstellung eines Heizwärmestroms $\dot{Q}=1\,\text{kW}$ folgenden Primärenergie-Einsatz:

I. *Elektrische Radiatorheizung*: Hierbei wird 1 kW elektrische Leistung dissipiert und in Form von Wärme abgegeben. Zur Bereitstellung dieser elektrischen Leistung ist im Kraftwerk der Einsatz von $1\,\text{kW}/\eta=2{,}5\,\text{kW}$ aus Primärenergie erforderlich ($\eta=40\%$).

II. Heizkessel: Hierbei wird 1 kW aus der Verbrennung von Primärenergieträgern gewonnen. Mit moderner Brennwerttechnologie kann dabei ein Wärmestrom gleicher Größe genutzt werden. Der Primärenergieeinsatz beträgt also 1 kW.

III. Wärmepumpe: Mit einer Leistungszahl $\epsilon_{WP}=2$ bis 4 wird für die Bereitstellung von 1 kW Heizwärmestrom eine elektrische Antriebsleistung von 0,25 kW bis 0,5 kW benötigt. Diese wird im Kraftwerk mit dem Wirkungsgrad $\eta=40\%$ unter Einsatz von 0,625 kW bis 1,25 kW aus Primärenergie gewonnen.

Aus energiepolitisch/ökologischer Sicht scheidet damit die elektrische Radiatorheizung von vorne herein aus. Ob sich eine Wärmepumpe anstelle moderner Heizkesseltechnologie lohnt, muss im Einzelfall entschieden werden. Bei dieser Entscheidung sind aber auch weitere Faktoren zu berücksichtigen, wie die Investitions- und Wartungskosten und nicht zuletzt die Zuverlässigkeit der Systeme.

7 Schlussbemerkung

Selbst wenn Zeitungsüberschriften auch in Zukunft nicht „Exergieverbrauch innerhalb eines Jahrzehnts verdoppelt" heißen werden, sollte der Exergiebegriff doch allmählich Eingang in den Alltags-Sprachgebrauch finden. Nur eine physikalisch korrekte Sicht auf die Energie und alle damit zusammenhängenden Prozesse kann dazu führen, dass sich der Exergieverbrauch innerhalb des nächsten Jahrzehnts NICHT verdoppelt!

H. Herwig, *Energie,* essentials, DOI 10.1007/978-3-658-12920-0_7

Was Sie aus diesem Essential mitnehmen können

- Energie kann und sollte stets in den beiden Teilen Exergie und Anergie gesehen werden.
- Die weitverbreitete (aber als solches falsche) Formulierung eines Energieverbrauches oder einer Energieerzeugung meint in Wirklichkeit einen Exergieverbrauch bzw. eine Exergiebereitstellung durch Energiewandlung.
- Eine wirklich aussagekräftige Charakterisierung von Energie erfordert zwei unabhängige Kennzahlen, mit denen die beiden Aspekte der Energiequantität und der Energiequalität getrennt erfasst werden können.
- Eine physikalisch gut begründete Bewertung eines energetischen (Teil-)Prozesses kann über die Aussage erfolgen, wieviel des entropischen Potentials der Energie bei diesem Prozess verbraucht worden ist. Das entropische Potential entspricht dabei der Entropiemenge, um die die Umgebung angereichert wird, wenn die Energie auf dem Weg von der ursprünglichen Primärenergie (reine Exergie) zum Teil der Umgebungsenergie (reine Anergie) vollständig entwertet wird.
- Eine genaue Erfassung der Energieentwertung in einem Prozess kann über die Bestimmung der dabei auftretenden Entropieproduktion erfolgen. Dies kann immer dann, wenn der Prozessverlauf in Form einer numerischen Lösung bekannt ist, relativ einfach als postprocessing-Analyse geschehen.

H. Herwig, *Energie*, essentials, DOI 10.1007/978-3-658-12920-0

Literatur

Herwig H (2015) What exactly is the Nusselt number in convective heat transfer problems and are there alternatives? Zur Veröffentlichung eingereicht

Herwig H, Kautz CH (2007) Technische Thermodynamik. Pearson Studium, München

Herwig H, Redecker C (2015) Heat transfer and entropy. In: Salim Newaz Kazi M (Hrsg) Heat transfer studies and applications. ISBN: 978-953-51.-21.46-6, tnTech, Det:10.577216061.0. http://www.intechopen.com/books/heat-transfer-studies-and-applications/heattransfer-and-entropy

Herwig H, Schmandt B (2013) Drag with external and pressure drop with internal flows: a new and unifying look at losses in the flow field based on the second law of thermodynamics. Fluid Dyn Res 45:1–18

Herwig H, Schmandt B (2014) How to determine losses in a flow field: a paradigm shift towards the second law analysis. Entropy 16:2959–2989

Herwig H, Schmandt B (2015) Strömungsmechanik. Springer Vieweg, Berlin

Popper KR (1984) Logik der Forschung. Mohr-Verlag, Tübingen

Wenterodt T, Herwig H (2014) The entropic potential concept: a new way to look at energy transfer operations. Entropy 16:2071–2084

Wenterodt T, Redecker C, Herwig H (2015) Second law analysis for sustainable heat and energy transfer: the entropic potential concept. Appl Energy 139:376–383

H. Herwig, *Energie*, essentials, DOI 10.1007/978-3-658-12920-0